Maharshi Shukla
Prakash Joshi
Bharatbhai Patel

Síntese e estudo antimicrobiano de novos derivados de benzotiofeno

Índice

Abreviaturas

CADD	Computer aided design and drafting
Gm/ml	Gram / mili litre
°C	Degree Celsius
Conc.	Concentrate
CFU	Colony forming unit
+ve	Gram positive
-ve	Gram negative
QSAR	Quantitative structure activity relationship
TEA	Tri ethyl amine
µg/ml	Microgram/ mili litre
MTCC	The microbial type culture collection
Mol.	Mole
EGFR	Epidermal Growth Factor Receptor
IR	Infrared Spectroscopy
NMR	^{1}H NMR

CAPÍTULO 1: INTRODUÇÃO

Introdução

A química medicinal é um ramo que liga a química e a farmácia. Torna-se importante porque inclui estudos de conceção e desenvolvimento de compostos farmaceuticamente importantes com as suas propriedades farmacêuticas. [1] O processo de descoberta e desenvolvimento de medicamentos é complexo e moroso, podendo demorar 13-15 anos e custar milhares de milhões de euros. [2] O processo de descoberta de medicamentos envolve muitas etapas, tal como mencionado na figura[3] ,

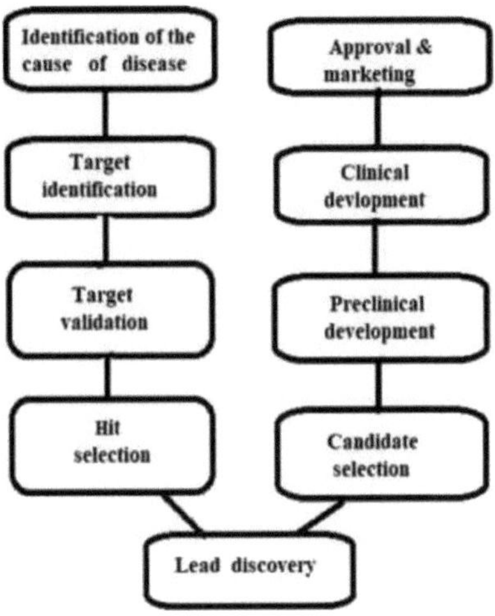

Hoje em dia, na formação de medicamentos, estão a ser adoptadas muitas técnicas computacionais, designadas por conceção de medicamentos assistida por computador (CADD). [4]

Na produção de novos medicamentos, os químicos orgânicos desempenham um papel fundamental. [5] A química heterocíclica é um ramo importante que tem desempenhado um papel fundamental no desenvolvimento de muitos medicamentos. Foram desenvolvidos muitos compostos heterocíclicos com diversas aplicações e um grande número de derivados heterocíclicos com propriedades antimicrobianas[6-10] , anticancerígenas[11-14], anti-tuberculosas[15-18], anti-oxidantes[19-22], anti-inflamatórias[23-25], antitumorais[26,27], anti-VIH [28,29], analgésicas[30-32] e outras aplicações. As estruturas de alguns compostos heterocíclicos com aplicações biológicas são aqui mencionadas [33, 34],

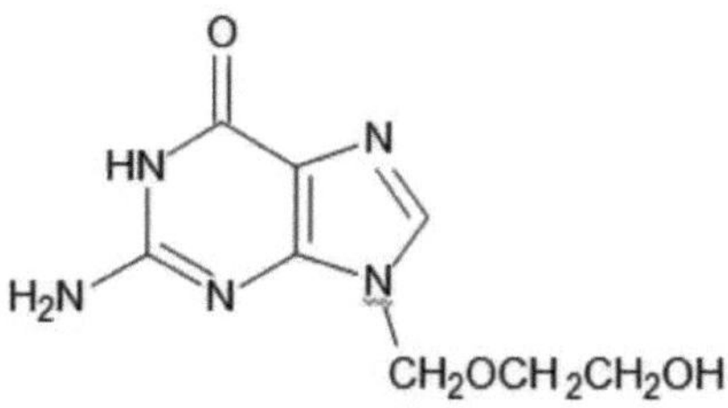

Acyclovir (Antiviral)

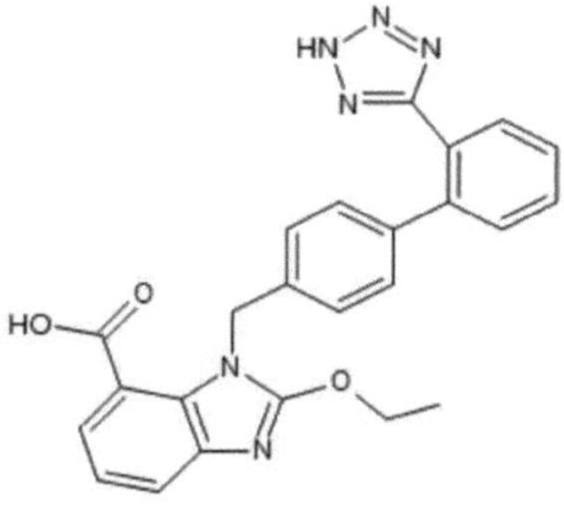

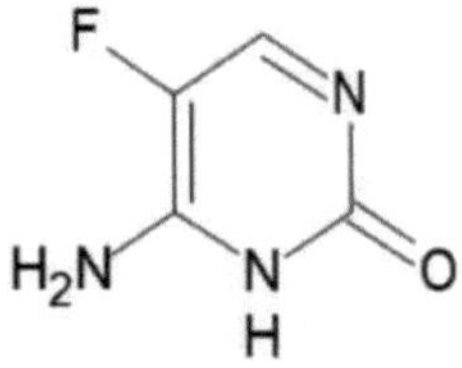

5- fluoro flucytosine

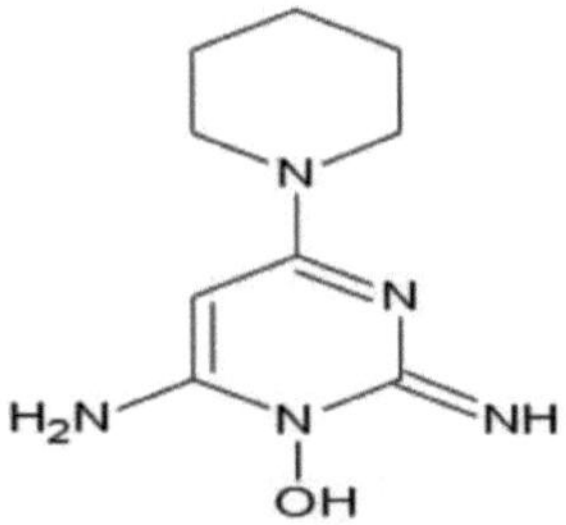

Minoxidil

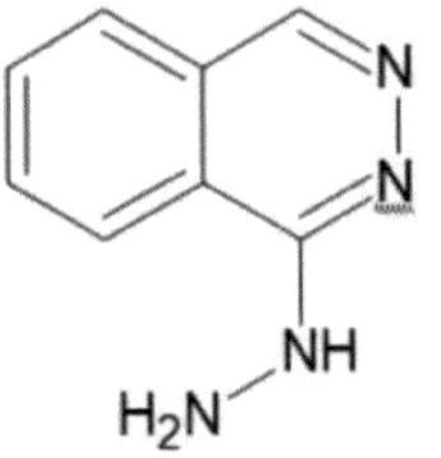

Hydralazine

Warfarin

Coumatetralyl

Minaprine

Referências

1. Alagarsamy V., 2010, Textbook of medicinal chemistry volume-I, Elseweir India Pvt. Ltd, , ISBN : 978-81-312-2189-1.
2. Kalyani G., Sharma D., Vaishnav Y., Deshmukh V.S., 2013, Int J Pharm Res Dev, 5, 15-30.
3. Nutan P., Patel D., 2010, Journal of antivirals and antiretrovirals, 2(4), 63-68.
4. Athar Mohd., Das A. J., 2012, Revista Internacional de Investigação em Farmácia, 3(4), 23-27.
5. Prajapat P., 2018, J. nano med. res., 7(2), 69-70.
6. Tomi I.H., Al-Daraji A.H., Al-Qaysi R.R., Hasson M.M., Al-Dulaimy K.H., 2014, Arabian journal of chemistry, 7(5), 687-94.
7. Patel N.A., Surti S.C., Patel R.G., Patel M.P., 2008, Phosphorus, Sulfur, and Silicon, 183(9), 2191-203.
8. Kalirajan R., Sivakumar S.U., Jubie S., Gowramma B., Suresh B., 2009, International journal of chem tech research, 1(1), 27-34.
9. Vikas S., Darbhamulla S., 2009, African health sciences, 9(4).
10. Jambu S.P., Patel Y.S., 2016, Journal of chemical and pharmaceutical research, 8(1), 750-754.
11. Abdel-Latif E., Keshk E.M., Khalil A.G., Saeed A., Metwally H.M., 2018, Journal of heterocyclic chemistry, https://doi.org/10.1002/jhet.3294.
12. Chowrasia D., Karthikeyan C., Choure L., Gupta M., Arshad M., Trivedi P., 2017, Arabian journal of chemistry, 10, S2424-8.
13. Co⅞kun D., Tekin S., Sandal S., Co⅞kun M.F., 2016, Journal of chemistry, http://dx.doi.org/10.1155/2016/7678486
14. Bingul M., Tan O., Gardner C.R., Sutton S.K., Arndt G.M., Marshall G.M., Cheung B.B., Kumar N., Black D.S., 2016, Molecules, 21(7), 916.
15. Dos Santos Fernandes G.F., De Souza P.C., Moreno-Viguri E., Santivahez-Veliz M., Paucar R., Pérez-Silanes S., Chegaev K., Guglielmo S., Lazzarato L., Fruttero R., Man Chin C., 2017, Journal of Medicinal Chemistry, 60(20), 8647-8660.
16. Kumar M.M., Mohan T., Mai G.K., Sangeeta G.P., Nagasree K.P., 2018, Journal of young pharmacists, 10(3), 267.

17. Shejale S.R., Awati S.S., Gandhi J.M., Satpute S.B., Patil S.S., Kondawar M.S., 2014, Der. pharma. chemica, 6(2), 75-82.
18. Viveros M., Amaral L., 2001, Int. J. antimicrobial agents, 17, 225.
19. Kumar M., Padmini T., Ponnuvel K., 2017, Journal of saudi chemical society, 21:S322-8.
20. Hameed A.A., Hassan F., 2014, Revista Internacional de Aplicada, 4(2).
21. Kol 0.G., Yüksek H., Manap S., Tokali F.S., 2016, Journal of the turkish chemical society, Section A: Chemistry, 3(3), 105-118.
22. Barbuceanu S.F., Ilies D.C., Saramet G., Uivarosi V., Draghici C., Radulescu V., 2014, Revista Internacional de Ciências Moleculares, 15(6), 10908-10925.
23. Bahekar S.S., Shinde D.B., 2004, Bioorganic & medicinal chemistry letters, 14(7), 1733-1736.
24. Pandey A., Dewangan D., Verma S., Mishra A., Dubey R.D., 2011, Int J Chem Tech Res, 3(1), 178-184.
25. Sharma R.N., Xavier F.P., Vasu K.K., Chaturvedi S.C., Pancholi S.S., 2009, Journal of enzyme inhibition and medicinal chemistry, 24(3), 890-897.
26. Murali krishna S., Ravindra reddy P., Ravindranath L.K., Hari krishna S., Jagadeeswara P.R., 2013, Der pharma chemical, 5(6), 87-93.
27. Mhaidat N.M., Al-Smadi M., Al-Momani F., Alzoubi K.H., Mansi I., Al-Balas Q., 2015, Conceção, desenvolvimento e terapia de medicamentos, 9, 3645.
28. Al-Soud Y.A., Al-Sa'doni H.H., Amajaour H.A., Salih K.S., Mubarakb M.S., Al-Masoudic N.A., 2008, Zeitschrift für Naturforschung B, 63(1), 83-89.
29. Danel K., Larsen E., Pedersen E.B., Vestergaard B.F., Nielsen C., 1996, Journal of medicinal chemistry, 39(12), 2427-2431.
30. Chinnasamy R.P., Sundararajan R., Govindaraj S., 2010, Journal of advanced pharmaceutical technology & research, 1(3), 342.
31. Runja C., Pavani B., Deepthi G., Sharma J., Vykuntam U., 2013, Journal of pharmaceutical and biological sciences, 1(1), 8-11.
32. Chavan R.S., More H.N., Bhosale A.V., 2011, Tropical journal of pharmaceutical research, 10(4), 463-73.
33. Asif M., 2017, Int. J. Bio org. chem., 2, 146-152.
34. Narnaware P.H., Shende P.N., 2018, Revista internacional de engenharia atual

e pesquisa científica, 5 (4), 159-162.

CAPÍTULO 2: Estudo da literatura

- Química da Acetamida
- Pesquisa bibliográfica sobre a acetamida
- Referências

Química da Acetamida

A ligação de acetamida é uma ferramenta importante no desenvolvimento de diferentes compostos novos com diversas aplicações biológicas como anti-oxidante[1] , anti-convulsivo[2,3] , anticancerígeno[4-6] , antimicrobiano[7,8] e muitas outras aplicações.

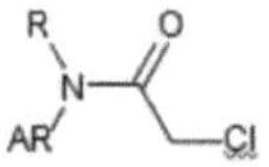
R
O
N
AR
Cl

(I)

Where, R = H, -CH_3, etc.

Na preparação de acetamida, os derivados de amina tornam-se um material importante que reage com cloreto de cloroacetilo e outros reagentes para dar derivados de acetamida. Alguns destes métodos são descritos de seguida.

A reação entre o derivado de amina e o anidrido cloroacético na presença de tetrahidrofurano desenvolve o derivado de acetamida à temperatura ambiente. [9]

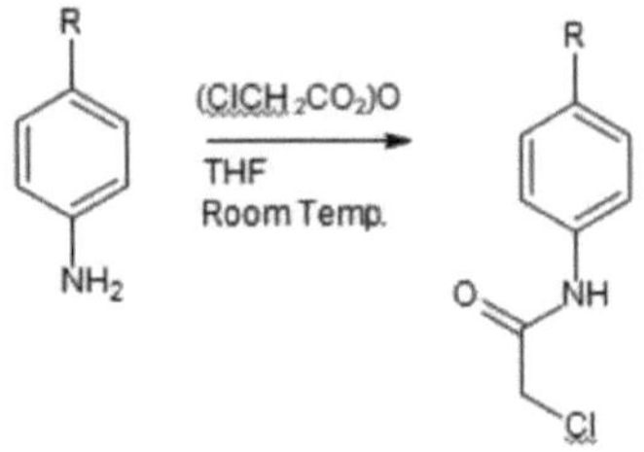
R
NH_2
$(ClCH_2CO_2)O$
THF
Room Temp.
R
O
NH
Cl

A reação de derivados de amina com brometo de bromo acetilo na presença de carbonato de sódio gera derivados de acetamida. [10,,11]

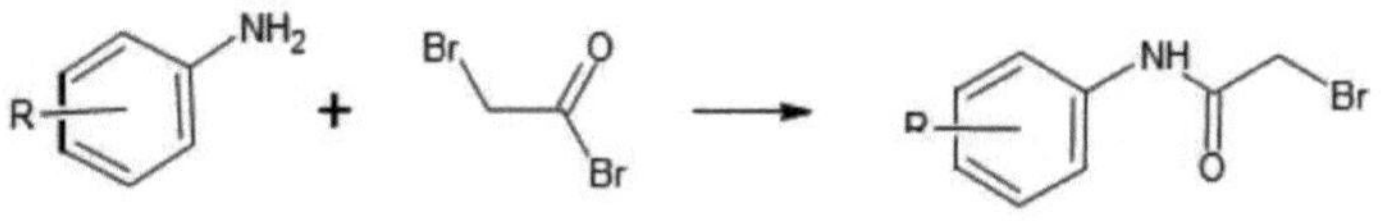

Noutro método, os derivados de acetamida podem ser preparados por reação de derivados de amina com cloreto de cloroacetilo em quantidade catalítica de trietilamina. [12,13]

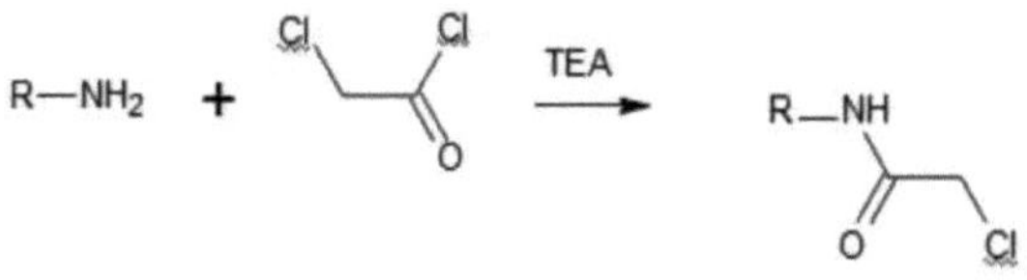

Pesquisa bibliográfica sobre a acetamida

As amidas básicas foram sintetizadas em grande número e, entre elas, a dietilamino-2,6-dimetilacetanilida (Xilocaína, Lidocaína) (I) é um dos anestésicos locais mais conhecidos. [14]

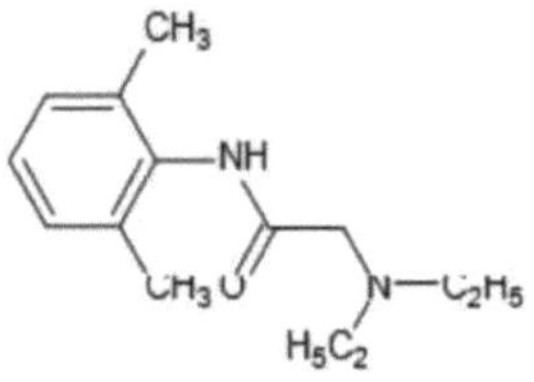

(I)

Derivados da cloroacetanilida (II)[15] como o xilacloro (III), o alacloro (IV), o tenilcloro (V), etc., são utilizados principalmente como herbicidas.

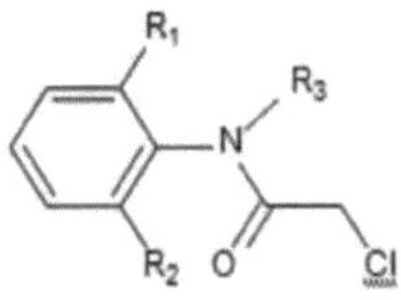

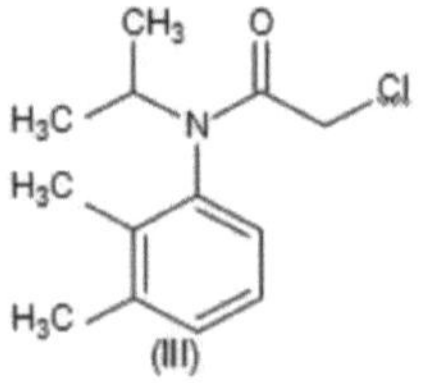

(III)

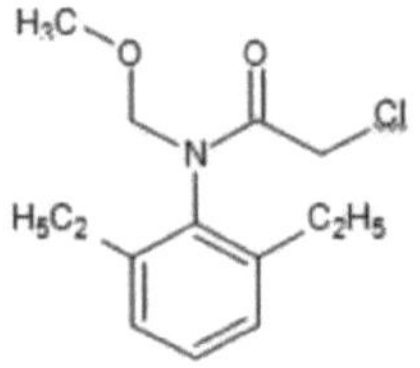

(IV)

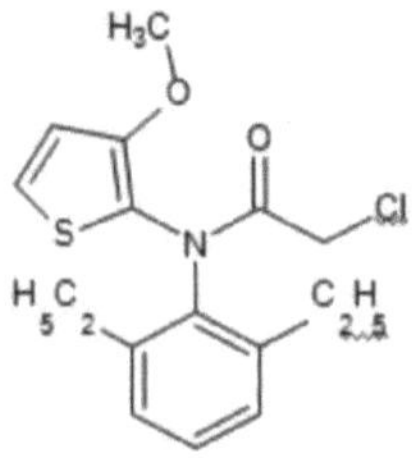

(V)

O cloranfenicol (VI) isolado de uma espécie de Streptomycin, um organismo do solo, é o primeiro antibiótico[16] a ser sintetizado por um procedimento prático. É uma molécula relativamente simples e contém um grupo nitro aromático e um grupo dicloro acetamido.

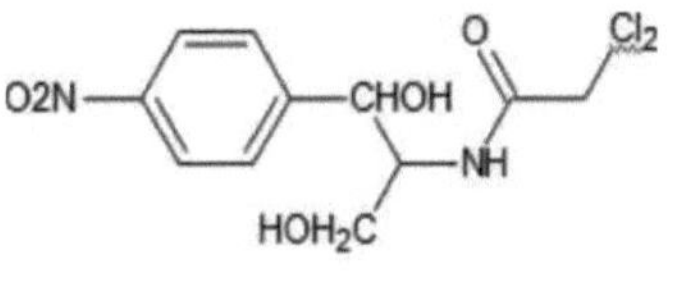

(VI)

A cloromicetina é especialmente eficaz contra o tifo e a febre das Montanhas Rochosas. [17]Derivados 2-(N,N-disubstituídos amino acetamido)-4-aril tiazóis do tipo (VII) foram sintetizados[18] e avaliados para anestesia de condução em rãs pelos métodos do plexo ciático.

O N-cloroacetil-2-aminobenzotiazolo[19] (VIII) foi preparado e utilizado na síntese do 2-(benzotiazolo carbamoil substituído)-benzimidazolo.

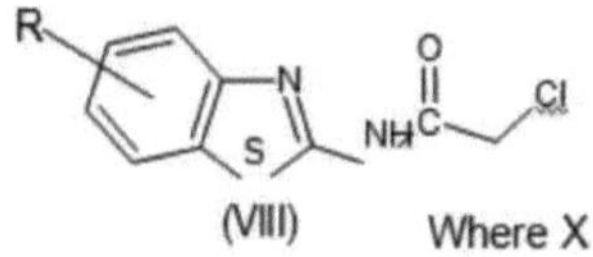

(VIII) Where X = H, 2-NO_2, 3-NO_2, 4-NO_2

2-Cl, 3-Cl, 4-Cl, 4-Br, 4-OCH_3

Et-Khascef H.S.[20] sintetizou o derivado de acetamida (VIII) com 2-aminotiazol e estudou as actividades antimicrobianas in-vitro contra bactérias +ve e -ve. Alguns compostos apresentaram actividades significativas.

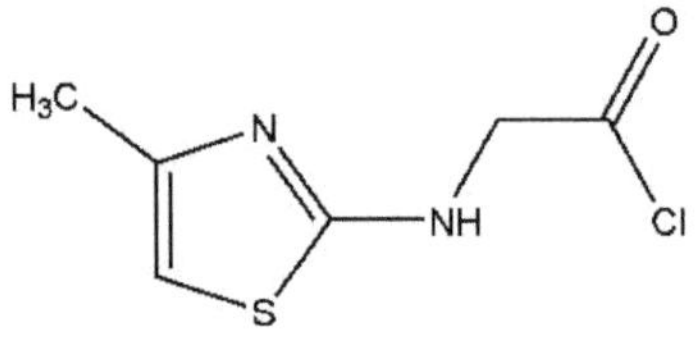

Foram preparados alguns derivados de acetamida com núcleo de piperazina como anestésico local. [21]

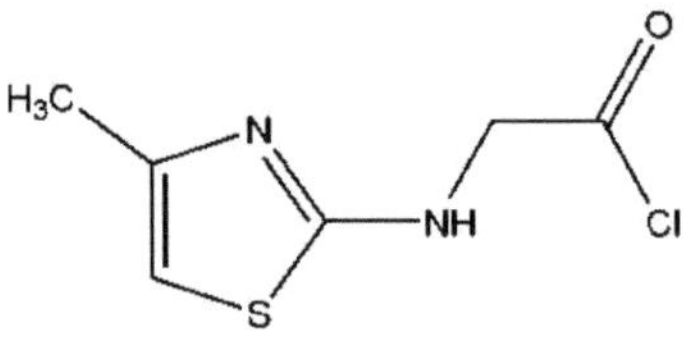

Shah H.P.[22] et al α-cloroacetanilidas de 5-(4-acetilaminofenil)-1,3,4-oxadiazol-2-tiona e cloreto de cloroacetilo na presença de TEA. Todos os compostos sintetizados foram testados com sucesso como potenciais agentes antimicrobianos, anticancerígenos e anti-HIV.

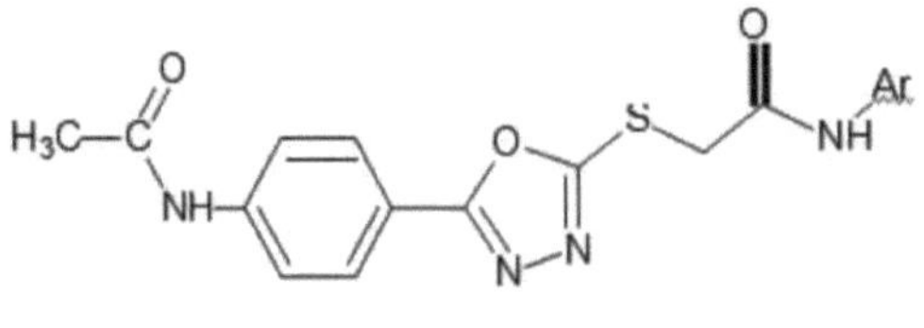

(X) Where, Ar = aryl

Reação de condensação entre 2-cloro acetil amino 5-aril tiazóis com o grupo heterocíclico 2-mercapto clubbed. [23]

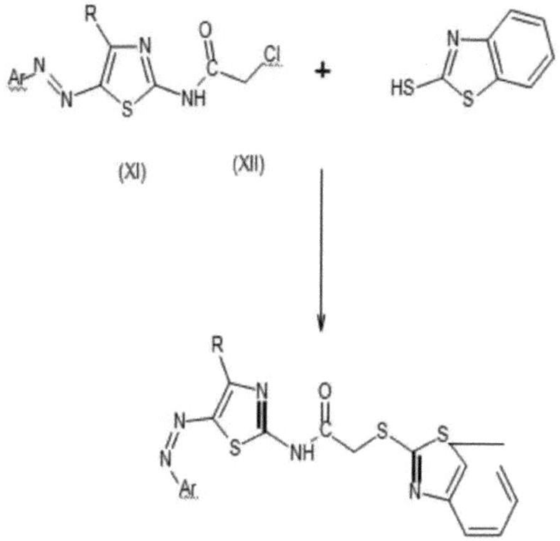

(XI) (XII)

(XIII)

Os inibidores irreversíveis do recetor do fator de crescimento epidérmico (EGFR) (^{11} C)-ML03 demonstraram um metabolismo rápido do marcador, o que levou à sua baixa acumulação in vivo em tumores com expressão excessiva de EGFR. Para melhorar a absorção tumoral, a estrutura química do composto foi modificada e foram sintetizados quatro novos grupos de inibidores do EGFR com uma vasta gama de reatividade química. O estudo revela que, quando o grupo acrilamida altamente reativo quimicamente na posição 6th foi substituído pelo grupo acetamida, a estabilidade química aumentou, aumentando assim a estabilidade biológica dos compostos e, esperançosamente, a sua disponibilidade para o tumor. [24]

Uma variedade de derivados de acetamida (XV) foram sintetizados e encontrados como inibidores da quinase dependente de ciclina,[25] também foi estudado que o composto (XVI)[26] e muitos tinham afinidade semelhante para CDK2 e CDK4 em comparação com (XIV). Neste contexto, a SAR resultante destes análogos indica que a bolsa de ligação que acomoda o grupo acilo é bastante promíscua.

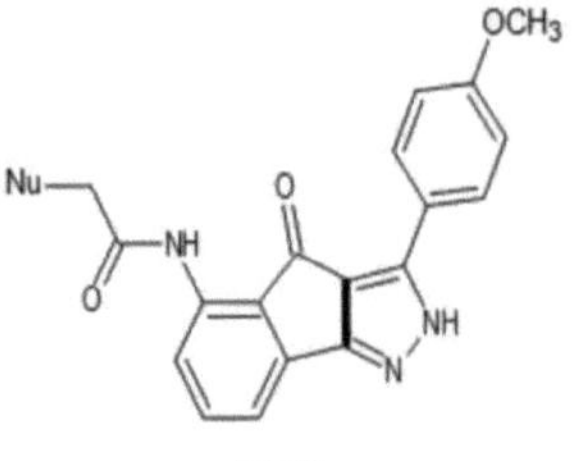

(XV 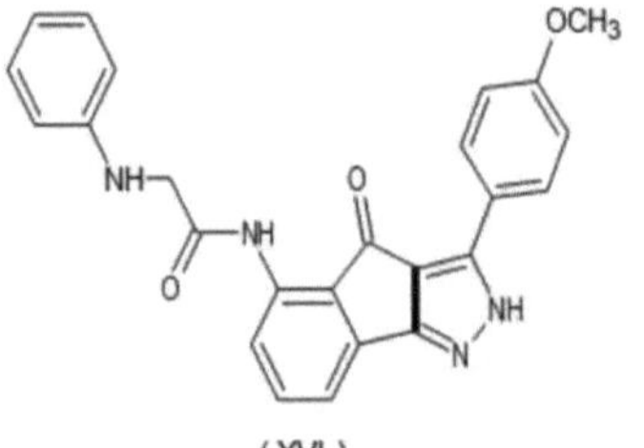) (XVI)

Foi sintetizada uma nova série de derivados de acetamida (XVII) e testada a sua atividade anti-HIV, tendo alguns dos compostos demonstrado ser potentes agentes anti-HIV através do perfil cinético com 61% de biodisponibilidade oral aparente no método do rato. [27]

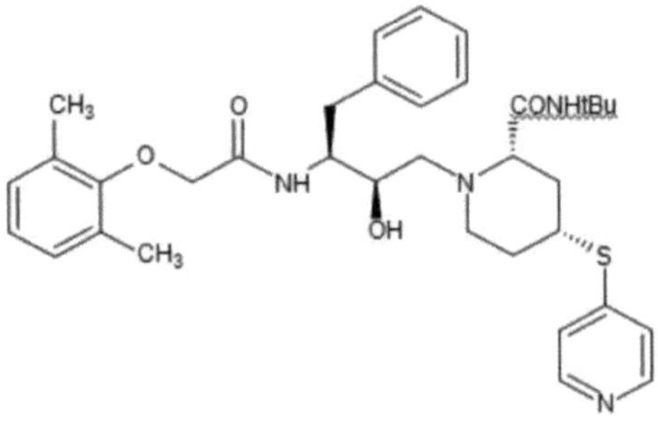

(XVII)

Antoni T.[28] e o seu colaborador de investigação sintetizaram a estrutura privilegiada do andaime de acetamida como agentes neuropéptidos Ys. Discutiram também a otimização de agentes neuropéptidos à base de acetamida.

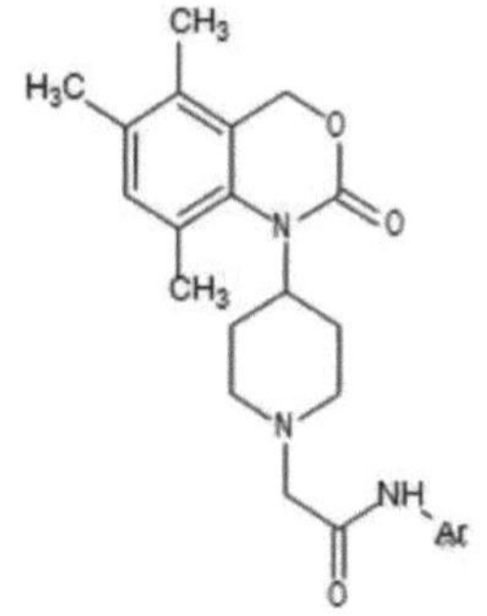

(XVIII)

Where, Ar = aryl and hetero aryl

R_1, R_2, R_3 = H, alkyl etc.

Outras aplicações diversas das N-cloro aceanilidas são a síntese de agentes antagonistas DA 5-HT1A[29], antitumorais[30], antibacterianos[31] e antifúngicos[32] por condensação com vários heterociclos.

Na presença de TEA, a reação de condensação de 2-(1Hbenzo [d] imidazol-2-il)anilina e cloridrato de cloroacetilo deu 2-cloro-N[2-(2,3-dihidro- 1Hbenzimidazol-2-yl)phenyl]acetamide. Todos os compostos sintetizados foram confirmados por IR, NMR, espectros e verificados em actividades antimicrobianas in vitro por Alam Faruk et al. [33]

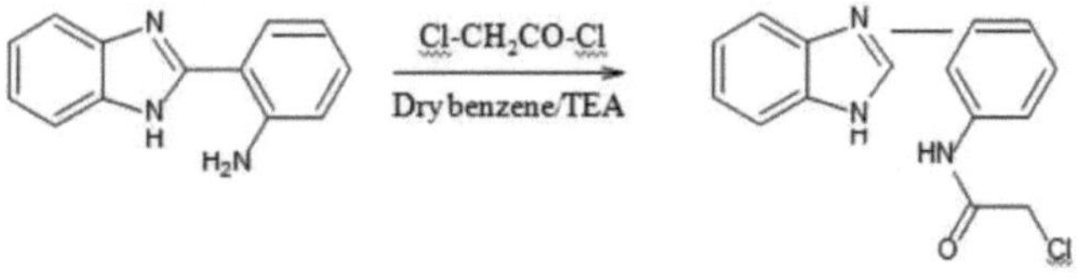

$Cl-CH_2CO-Cl$

Dry benzene/TEA

Ali M.N.[34] e os seus colaboradores apresentaram derivados N-substituídos de 1,2,3,4-tetrahidro carbazol e verificaram a atividade antimicrobiana contra bactérias +ve e -ve.

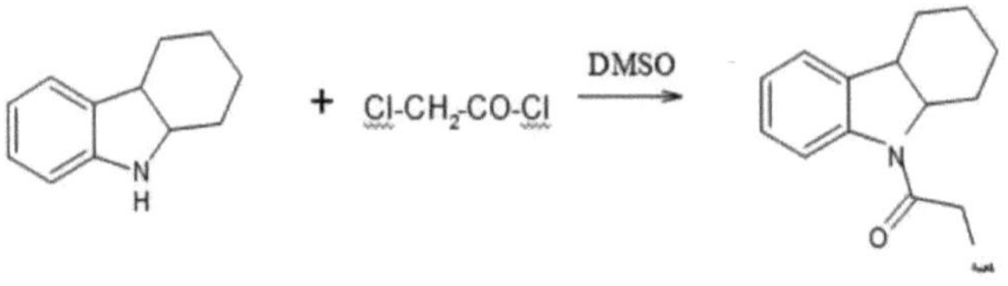

+ Cl-CH$_2$-CO-Cl DMSO →

Caruso A.[35] et al sintetizaram novos derivados de acetamida e actividades antioxidantes utilizando o método de ensaio MTT e o teste da artémia.

Síntese, elucidação estrutural e avaliação anticonvulsiva da nova N-(3-cloro-2- oxo-4-substituída fenilazetidina-1-il)-2-(1,3-dioxoisoindolin-2-il)acetamida por Ghodke M.S.[36] et al.

Derivados de fenoxi-acetamida sintetizados e caracterizados por Rani P.[37] et al e testados para actividades anti-inflamatórias, analgésicas e antipiréticas. Alguns compostos mostraram boas actividades.

Um novo composto sintetizado de derivados de acetamida de Quinolina Clubbed foi provado para actividades antimicrobianas contra bactérias +ve e -ve. [38]

Usman A.[39] e os seus colaboradores relataram novas séries de acetamido-N-benzil acetamidas, potentes inibidores anticonvulsivos.

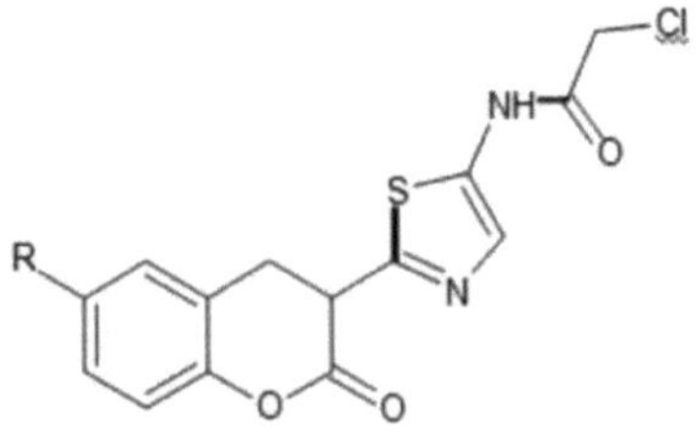

2-Cloro-N-[2-(6-substituído-2-oxo-2H-cromen-3-il)-1,3tiazol-5-il]acetamida sintetizada a partir de 3-(5-aminotiazol-2-il)-6-substituído-2H-cromen-2-ona com cloreto de cloroacetilo na presença de solução saturada de acetato de sódio. [40]

Patil J.P.[41] e os seus colaboradores prepararam derivados de acetamida de 2-metil-3-amino-4-quinazolinona. A estrutura de todos os compostos sintetizados foi elucidada por IR, NMR e análise espetral de massa.

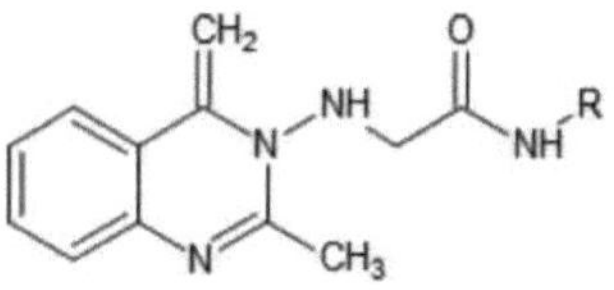

A atividade farmacológica dos derivados sintetizados com o anel indol do derivado N-fenil acetamida foi verificada por Waghmode T. K.[42] et al.

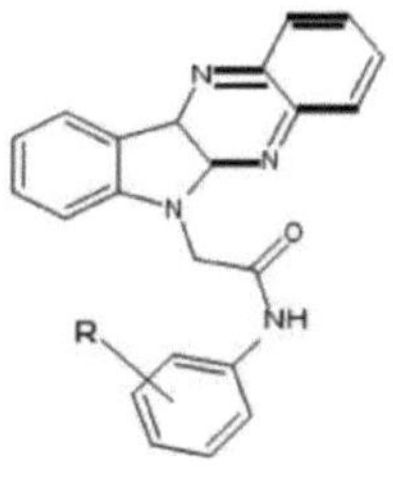

R = H, CH_3, OCH_3, C_2H_5, F, Cl

Zafer A.K.[43] et al sintetizaram alguns novos compostos heterocíclicos com derivados de acetamida. A ligação de acetamida feita a partir de aril amina e cloreto de cloroacetilo na presença de TGA em tolueno. Todos os compostos sintetizados foram investigados quanto às suas potenciais propriedades analgésicas contra a ação térmica, mecânica e química.

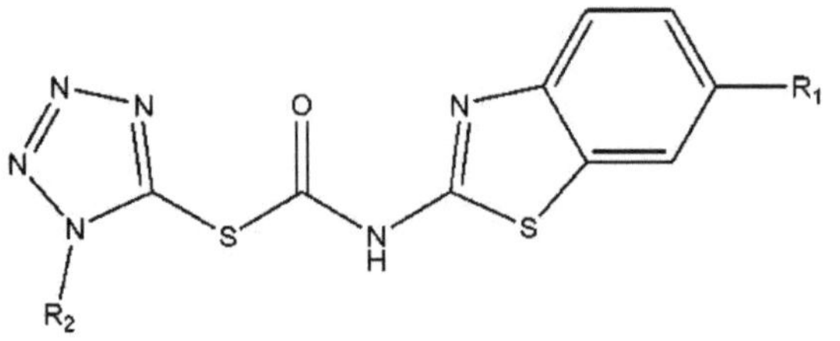

Wgere R1 = H,Cl,CH3,OCH3,OC2H5

R2 = CH3,C6H5

Shakya A.K.[44] et al prepararam o anel benzofurano Acetamide Scaffold. Todos os compostos demonstraram ter uma atividade anticonvulsiva promissora.

Rani p.[45] et al relataram vários 2- (fenoxi substituído) acetamida. A porção foi caracterizada por IR, NMR, massa e análise elementar. Os compostos foram testados quanto a actividades anticancerígenas, anti-inflamatórias e analgésicas.

Xiang P.[46] et al. desenvolveram algumas ligações de acetamida com anéis de benzotiazol, benzimidazol e benzotazol e examinaram as suas actividades antitumorais, tendo-se verificado que algumas delas apresentam boas actividades.

Dehond Yu.[47] et al sintetizaram novos derivados de acetamidas substituídas que foram concebidos, sintetizados e avaliados quanto à sua capacidade de inibir a BChE

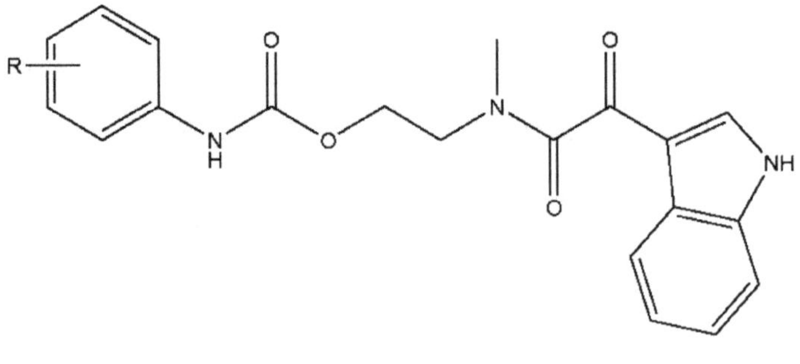

Nikalie A.P.G.[48] et al prepararam novos derivados de acetamida 2- (4- ((2,4-dioxothiazolidine -5- ylidine) methyl)-2- methoxy phenoxy) -N- substituídos como potenciais agentes farmacológicos.

Pacheco D.J.[49] et al relataram novos derivados de N- (4- (CE)-3- arilacriloil fenil) acetamida. Todos os compostos sintetizados foram caracterizados por IR, NMR. Todos os compostos foram testados quanto à atividade antileishmanial.

Hany E.A. Ahmed[50] e os seus colaboradores conceberam, sintetizaram e avaliaram biologicamente algumas novas acetamidas N-2-(2-oxo-3-fenilquinoxalina-1(2H)-il) substituídas, que foram identificadas como potenciais agentes antimicrobianos e anticancerígenos.

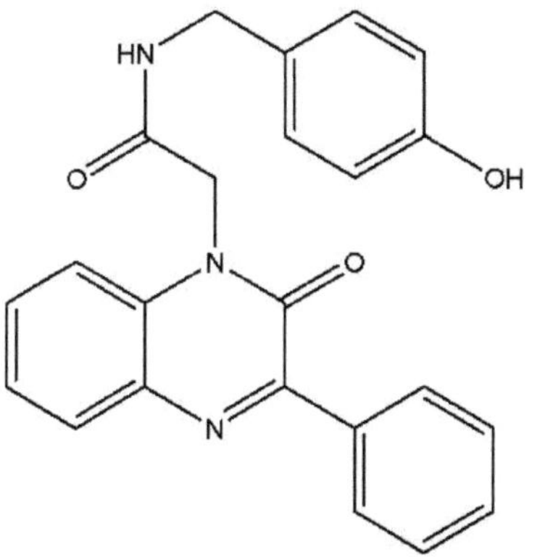

Referências

1. Cacic M., Molnar M., Sarkanj B., Has-Schon E., Rajkovic V., 2010, Molecules, 15(10), 6795-809.
2. Shakya A.K., Kamal M., Balaramnavar V.M., Bardaweel S.K., Naik R.R., Saxena A.K., Siddiqui H.H., 2016, Ata pharmaceutica, 66(3), 353-372.
3. Kadadevar D., Chaluvaraju K.C., Niranjan M.S., Sultanpur C., Madinur S.K., Nagaraj M., Smitha M., Chakraborty K., 2011, International journal of chem. tech. research, 3, 1064-1069.
4. Berest G.G., Voskoboynik O.Y., Kovalenko S.I., Antypenko O.M., Nosulenko I.S., Katsev A.M., Shandrovskaya O.S., 2011, European journal of medicinal chemistry, 46(12), 6066-6074.
5. Pawar C.D., Sarkate A.P., Karnik K.S., Shinde D.B., 2017, Egyptian journal of basic and applied sciences, 4(4), 310-314.
6. Kumar S., Lim S.M., Ramasamy K., Vasudevan M., Shah S.A., Narasimhan B., 2017, Chemistry central journal, 11(1), 80.
7. Yadav S., Narasimhan B., Lim S.M., Ramasamy K., Vasudevan M., Shah S.A., Selvaraj M., 2017, Chemistry central journal, 11(1), 137.
8. Shukla M.B., Mahyavanshi J.B., Joshi P.J., Patel B.B., 2017, Der pharma chemica, 9(11), 95-99.
9. Lavorato S.N., Duarte M.C., Andrade P.H., Coelho E.A., Alves R.J., 2017, Revista Brasileira de Ciências Farmacêuticas, 53(1).
10. Nafeesa K., Abbasi M.A., Siddiqui S.Z., Rasool S., Shah S.A., 2017, Boletim da Faculdade de Farmácia, Universidade do Cairo, 55(2), 333-343.
11. Rasool S., Abbasi M.A., Siddiqui S.Z., Shah S.A., Hassan S., Ahmad I., 2016, Organic chemistry international.
12. Bhoi M.N., Borad M.A., Parmar H.B., Patel H.D., 2015, International letters of Chemistry, Physics and Astronomy, 53, 114.
13. Gore R.P., 2014, Der pharma chemical, 6(6), 35-38.
14. Lofgren N., Lundquist B., 1948, US Patent, 42, 6378.
15. Coleman S., Linderman R., Hodgson E., Rose R.L., 2000, Environmental health perspectives, 108(12), 1151.
16. Bartz Q.R., 1948, J. Biol. Chem., 172(2), 445-450.

17. Standiford H. C., Mandell G. L., Bennett J. E., 1985, John Wiley and Sons Inc., Nova Iorque, 206.
18. Bhargava P.N., Tripathi R., 1982, J. Ind. Cshem. Soc., LIX, 773.
19. Sharma P., Mandloi A., Pritmani S., 1999, Ind. J. Chem., 38(B), 1289.
20. Et-Khaseef H. S., Hassan K. M.,1974, J. Ind. Chem. Soc., 12, 1058.
21. Foye W.O., Levine H.B., McKenzie W.L., 1966, Journal of medicinal chemistry, 9(1), 61-63.
22. Shah H. P., Trivedi P. B.,1998, Ind. J. Chem.,37B, 180.
23. Metwally M.A., Abdel-Latif E, Amer F.A., Kaupp G., 2004, Dyes and Pigments, 60(3), 249-264.
24. Mishani E., Abourbeh G., Jacobson O., Dissoki S., Daniel R.B., Rozen Y., Shaul M., Levitzki A., 2005, Journal of medicinal chemistry, 48(16), 5337-5348.
25. Nugiel D.A., Vidwans A., Etzkorn A.M., Rossi K.A., Benfield P.A., Burton C.R., Cox S., Doleniak D., Seitz S.P., 2002, Journal of medicinal chemistry, 45(24), 52245232.
26. Negiel D. A., Etzkorn A. M., Vidwans A.,2001, J. Med. Chem., 44, 13354.
27. Beaulieu P.L., Anderson P.C., Cameron D.R., Croteau G., Gorys V., Grand-Maître C., Lamarre D., Liard F., Paris W., Plamondon L., Soucy F.,2000, Journal of medicinal chemistry, 43(6), 1094-1108.
28. Torrens A., Mas J., Port A., Castrillo J.A., Sanfeliu O., Guitart X., Dordal A., Romero G., Fisas M.A., Sánchez E., Hernández E., Journal of medicinal chemistry, 48(6), 2080-2092.
29. Fletcher A., Bill D.J., Bill S.J., Cliffe I.A., Dover G.M., Forster E.A., Haskins J.T., Jones D., Mansell H.L., Reilly Y., 1993, European journal of pharmacology, 237(23), 283-291.
30. Vassilev L.T., Kazmer S., Marks I.M., Pezzoni G., Sala F., Mischke S.G., Foley L., 2001, Anti-cancer drug design, 16(1), 7-17.
31. Abdel-Hamide S.G., 1998, Chem. In form., 29(38).
32. Pattanaik J.M., Pattanaik M., Bhatta D., 1999, ChemInform, 30(25).
33. Alam F., Dey B.K., Sharma K., Chakraborty A., Kalita P., 2017, International journalof drug research and technology, 4(3), 7.
34. Ali M.N., Al-Majidi S.M., 2010, Journal of Al-Nahrain university-science, 13(1),

26-35.

35. Caruso A., Marzocco S., Nicolaus B., Palladino C., Pinto A., Popolo A., SinicropiM.S., Tommonaro G., Saturnino C., 2010, Molecules, 15(3), 2028-2038.
36. Ghodke M.S., et al, J.A.S.
37. Rani P., Pal D.K., Hegde R.R., Hashim S.R., 2015, Hemijskaindustrija, 69(4), 405-415.
38. Bhoi M.N., Mayuri A.B., Parmar H.B., Patel H.D., 2015, International letters of Chemistry, Physics and Astronomy, 53, 114-121.
39. Abdulfatai U, Uzairu A, Uba S, 2015, Journal of computational methods in moleculardesign, 5(4), 77-83.
40. Nguyen T.T., 2017, Síntese,

4 (8).41. Patil J.P., 4(2), 363-370.

42. Waghmode K.T., Pai N.R., 2012, IOSR journal of pharmacy, 2, 105-108.
43. Kaplancikli Z.A., Altintop M.D., Turan-Zitouni G., Ozdemir A., Can O.D.,2012, Journal of enzyme inhibition and medicinal chemistry,27(2), 275-280.
44. Shakya A.K., Kamal M., Balaramnavar V.M., Bardaweel S.K., Naik R.R., SaxenaA.K., Siddiqui H.H., 2016, Ata pharmaceutica, 66(3), 353-372.
45. Rani P., Pal D., Hegde R.R., Hashim S.R., 2014, Bio med research international.
46. Xiang P., Zhou T., Wang L., Sun C.Y., Hu J., Zhao Y.L., Yang L., 2012, Molecules,17(1), 873-83.
47. Yu, D., Yang, C., Liu, Y., Lu, T., Li, L., Chen, G., Liu, Z. e Li, Y., 2023. Scientific reports, 13(1), p.4877.
48. Nikalje A.P., Choudhari S., Une H., 2012, Pelagia res. library, 2, 1302-1314.
49. Pacheco D.J., Trilleras J., Quiroga J., Gutiérrez J., Prent L., Coavas T., Marín J.C.,2013, Journal of the brazilian chemical society, 24(10), 1685-1690.
50. Ahmed, H.E., Ihmaid, S.K., Omar, A.M., Shehata, A.M., Rateb, H.S., Zayed, M.F., Ahmed, S. e Elaasser, M.M.,2018, Bioorganic chemistry, 76, pp.332-342.

CAPÍTULO 3: Procedimento experimental

Método de síntese de *A*-(3-cyano-4,5,6,7-tetrahydro-1-benzothiophen-2-yl)-2-(aryl)acetamide

Esquema: N-(3-cyano-4,5,6,7-tetrahydro-1-benzothiophen-2-yl)-

2-

(aril)acetamida

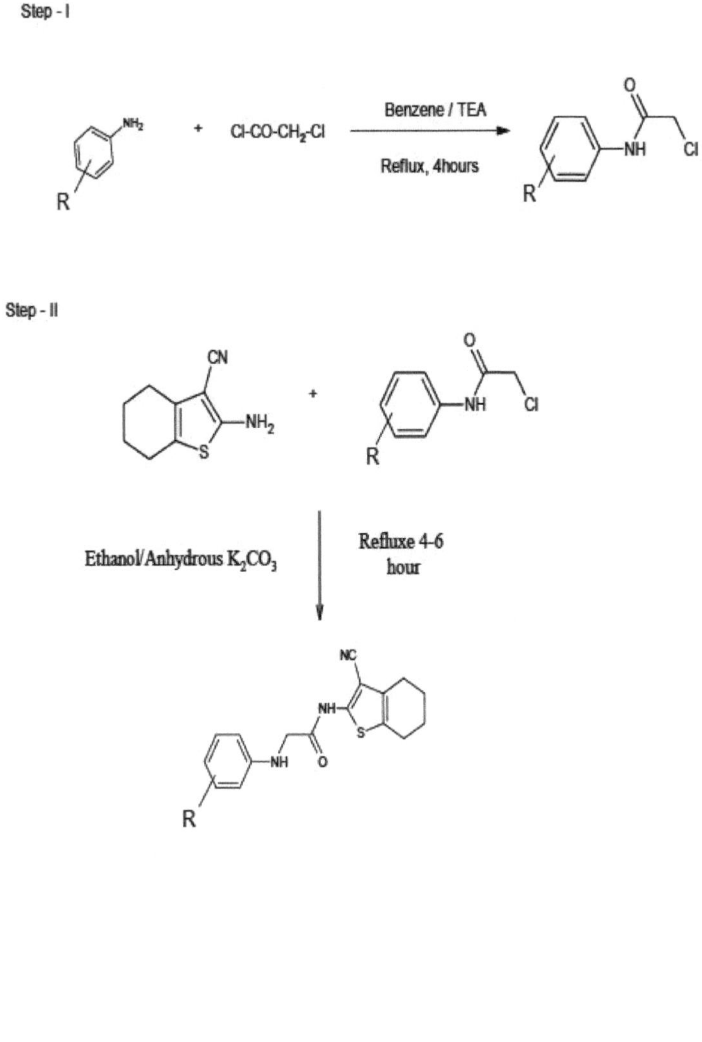

Step - I
NH2
+
Cl-CO-CH2-Cl
Benzene / TEA
Reflux, 4hours
O
NH
Cl
R
Step - II
CN
NH2
S
+
Ethanol/Anhydrous K2CO3
Refluxe 4-6
hour
NC
NH
O

Procedimento geral para a síntese de: *N*-(3-cyano-4,5,6,7-tetrahydro-1-benzothiophen-2-yl)-2- (arylphenyl)acetamide

Etapa - I: Síntese das 2-cloro-N-(aril)-acetamidas

Em benzeno (30,0 ml), adicionou-se cloreto de cloroacetilo (0,02 mol) e 4-6 gotas de trietilamina, tendo a mistura sido agitada num banho de gelo. A solução de aril amina (0,02 mol) em benzeno (30,0 ml) foi adicionada gota a gota e refluxada durante 4 horas, tendo a mistura reacional sido arrefecida à temperatura ambiente. Os ppt. resultantes foram filtrados e lavados com benzeno e purificados por recristalização a partir de álcool.

Etapa - II *N*-(3-cyano-4,5,6,7-tetrahydro-1-benzothiophen-2-yl)-2-(arylphenyl)acetamide

Uma mistura de 2-amino-4,5,6,7-tetra-hidro-1-benzotiofeno-3-carbonitrilo (0,01 mol), 2-cloro-N-(aril)-acetamidas (0,01 mol) em 30 ml de etanol e K2CO3 anidro (0,02 mol) foi refluxada durante 4-6 horas à temperatura ambiente e vertida em gelo. O produto foi filtrado e lavado com água fria. Recristalizado a partir de álcool. O progresso da reação foi monitorizado por TLC utilizando tolueno : acetona (8.:2) como eluente. A purificação de todos os compostos sintetizados foi obtida por recristalização e a pureza de cada composto foi monitorizada por TLC de camada fina

Aryl acetamide

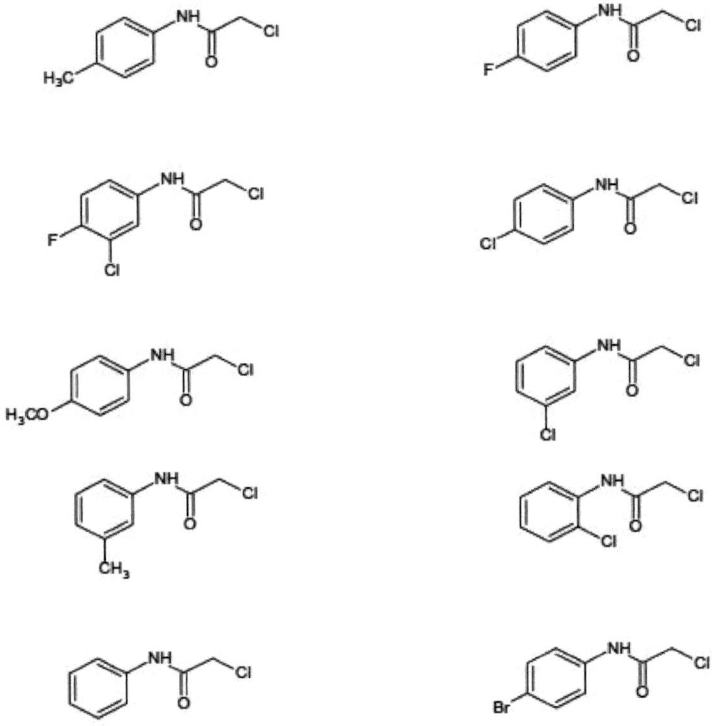

NH Cl O H_3C

NH Cl O F

NH Cl O F Cl

NH Cl O Cl

NH Cl O H_3CO

NH Cl O Cl

NH Cl O CH_3

NH Cl O Cl

NH Cl O

NH Cl O Br

Quadro 4

Sr. No	Compound	Molecular formula	M.W	M.P	% yeild	% of Carbon Found (Calc.)	% of Hydrogen Found (Calc.)	% of Nitrogen Found (Calc.)
1	4-CH_3	$C_{18}H_{19}N_3OS$	325.43	123 – 125^{0}C	71	66.37 (66.43)	5.81 (5.88)	12.85 (12.91)
2	4-F	$C_{17}H_{16}FN_3OS$	329.39	145-147^{0}C	67	61.93 (61.99)	4.85 (4.90)	12.69 (12.76)
3	3-Cl-4-F	$C_{17}H_{15}ClFN_3OS$	363.84	192-194^{0}C	64	56.08 (56.12)	4.13 (4.16)	11.49 (11.55)
4	4- Cl	$C_{17}H_{16}ClN_3OS$	345.85	202-204^{0}C	61	58.99 (59.04)	4.60 (4.66)	12.43 (12.15)
5	4-O CH_3	$C_{18}H_{19}N_3O_2S$	341.43	188-190^{0}C	62	63.24 (63.32)	5.54 (5.61)	12.26 (12.31)
6	3-Cl	$C_{17}H_{16}ClN_3OS$	345.85	156-159^{0}C	70	59.00 (59.04)	4.57 (4.66)	12.08 (12.15)
7	3- CH_3	$C_{18}H_{19}N_3OS$	325.43	188-190^{0}C	58	66.36 (66.43)	5.82 (5.88)	12.83 (12.91)
8	2- Cl	$C_{17}H_{16}ClN_3OS$	345.85	134-137^{0}C	63	58.99 (59.04)	4.60 (4.66)	12.43 (12.15)
9	phenyl	$C_{17}H_{17}sN_3OS$	311.40	153 – 155^{0}C	57	66.52s (66.57)	5.45 (5.50)	13.41 (13.49)
10	4-Br	$C_{17}H_{16}BrN_3OS$	390.30	237-239^{0}C	65	52.23 (52.31)	4.06 (4.13)	10.71 (10.77)

CAPÍTULO 4: Resultados e discussão

Análise espectroscópica

Dados de IR da 2-[(3-cyano-4,5,6,7-tetrahydro-1-benzothiophen-2-yl)amino]-*W*- (4- methylphenyl)acetamide (D-1)

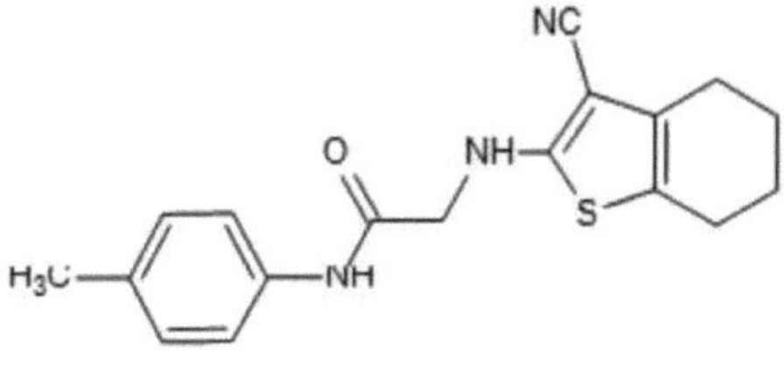

3273 cm^{-1}	-NH- Stretching in amine
3224 cm^{-1}	-NH- Stretching in amide
2802 cm^{-1}	-C-H Stretching in methylene
2222 cm^{-1}	- C≡N- Stretching
1691 cm^{-1}	-C=O Stretching in amide
1581 cm^{-1}	-S-C=O-Stretching in thio ether linkage

Gráfico de IR da 2-[(3-cyano-4,5,6,7-tetrahydro-1-benzothiophen-2-yl)amino]-*W*- (4-methylphenyl)acetamide (D-1)

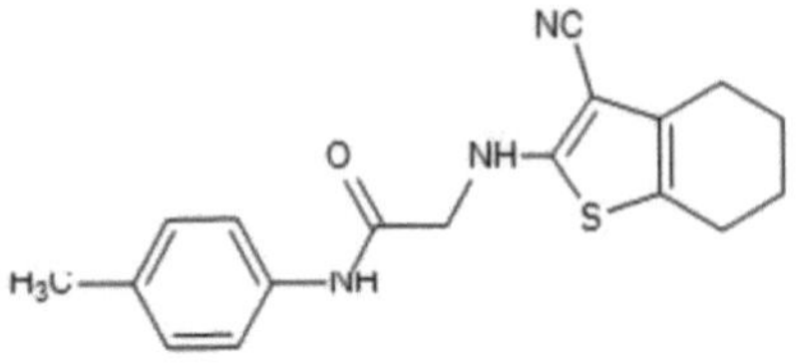

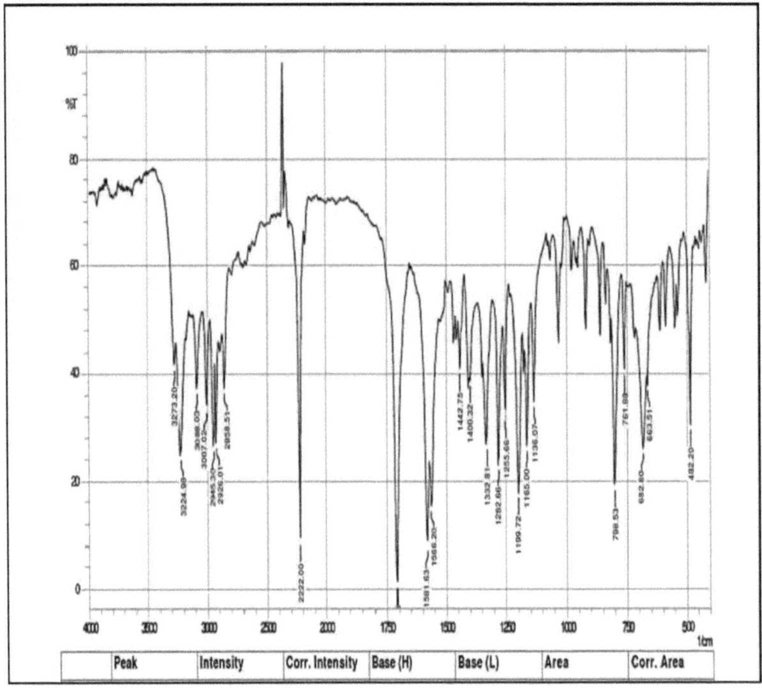

Dados de massa da 2-[(3-cyano-4,5,6,7-tetrahydro-1-benzothiophen-2-yl)amino]-*W*-(4-methylphenyl)acetamide (D-1)

Molecular Formula	Mass (m/Z)	Ionization Peak
$C_{18}H_{19}N_3OS$	326.3	M+1

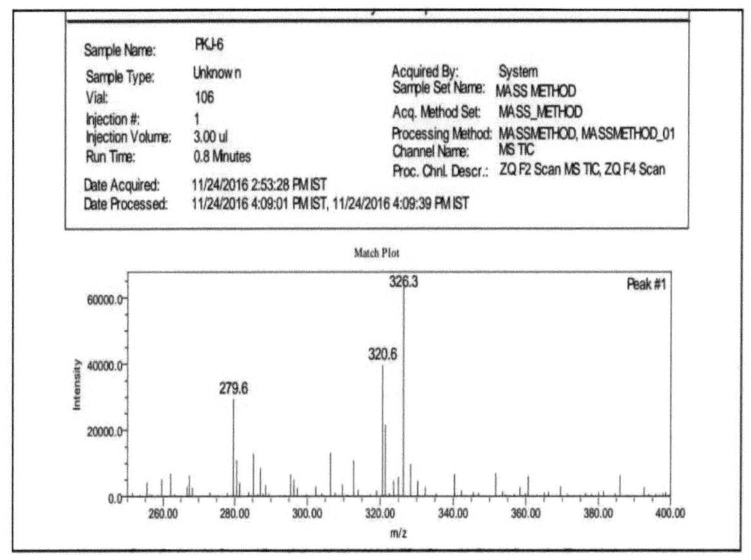

NMR data of 2-[(3-cyano-4,5,6,7-tetrahydro-1-benzothiophen-2-yl)amino]-N-(4-methylphenyl)acetamide

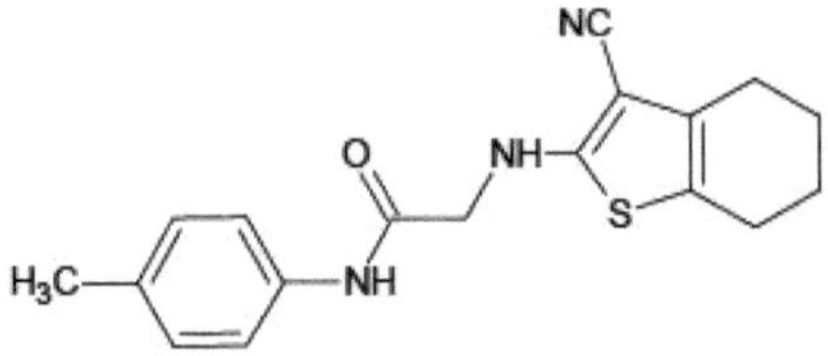

Signal No.	Signal Position (δ ppm)	Relative No. Of Proton	Multiplicity	Inference
1.	1.70-2.16	8H	multiplate	Cyclo ring
2.	2.33	3H	singlet	$-CH_3$
3.	4.55	2H	singlet	$-CH_2$
4.	6.45-6.96	4H	multiplate	Ar-H
5.	11.57	1H	singlet	-NH
6.	11.89	1H	singlet	-NH

Gráfico de RMN da 2-[(3-cyano-4,5,6,7-tetrahydro-1-benzothiophen-2-yl)amino]-N-(4- methylphenyl)acetamide

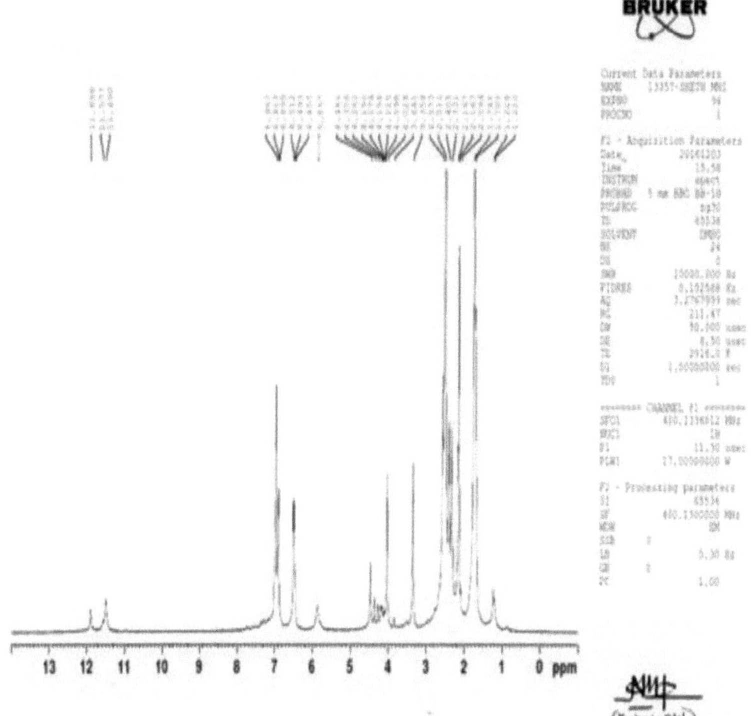

CAPÍTULO 5: Rastreio biológico

Atividade antibacteriana dos compostos sintetizados

Introdução:

O nosso ambiente e ecossistema são estreitamente influenciados pelas actividades dos microrganismos. Os microrganismos estão presentes em grande diversidade no nosso ambiente. Estes microrganismos fazem parte da nossa vida de mais formas do que a maioria de nós compreende. A sua estrutura morfológica e celular permite-lhes diversificar o nosso ecossistema. Existem os seguintes tipos de microrganismos presentes no nosso ecossistema: bactérias, fungos, protozoários, etc. Estes têm uma influência benéfica e prejudicial na nossa vida. São utilizados na produção de vinho, produtos lácteos, alimentos, certos medicamentos e agentes terapêuticos, no fabrico de certos produtos químicos e de muitas outras formas. **[1]**

Bactérias:

As bactérias são organismos unicelulares e estão amplamente presentes no nosso ecossistema. Com base na sua parede celular, as bactérias são maioritariamente de dois tipos: gram positivas e gram negativas. Algumas bactérias são nocivas e capazes de produzir doenças no hospedeiro, sendo conhecidas como "patogénicas". A maior parte das bactérias presentes na superfície da pele e na membrana mucosa não são patogénicas. Também se apresentam em resíduos alimentares e no intestino, sendo designadas por "saprófitas". Geralmente, os cocos e bacilos patogénicos são gram positivos e os bastonetes curtos são gram negativos. As bactérias são organismos de tamanho microscópico que se encontram no solo, no ecossistema aquático e no interior do intestino humano. Cerca de metade das espécies bacterianas que podem ser cultivadas em laboratório. **[2- 3]**

As bactérias Gram (+) e Gram (-) produzem uma atividade antimicrobiana contra os compostos de síntese que depende da estrutura da sua parede celular e da sua natureza proteica. Alguns compostos apenas inibem as bactérias, o que se designa por bacteriostático, e outros matam as bactérias, o que se designa por bactericida. As substâncias de estrutura proteica que possuem actividades antimicrobianas são denominadas bacteriocinas. As bacteriocinas são compostos sintetizados por ribossomas e produzidos durante a fase primária do ciclo de crescimento.

[4]

Na modificação pós-traducional, as bacteriocinas podem ser facilmente degradadas por enzimas proteases do trato gastrointestinal dos mamíferos, o que as torna seguras para o consumo humano. São moléculas catiónicas, anfipáticas e contêm um excesso de resíduos de lisil arginilo. [ ][5-6]

No caso da atividade antibacteriana, utilizámos o grupo de bactérias gram-positivas *Staphylococcus aureus* e *Streptococcus pyogenes* e o grupo de bactérias gram-negativas *Escherichia coli* e *Pseudomonas aeruginosa.*

Staphylococcus aureus:

O Staphylococcus aureus é um cocos Gram-positivo e está disposto em grupos que são descritos como "semelhantes a uvas". *O S. aureus* é uma bactéria patogénica importante que causa uma grande variedade de manifestações clínicas. As suas infecções são comuns tanto em ambientes adquiridos na comunidade como em ambientes hospitalares. Trata-se de uma estirpe multirresistente, como a MRSA (Staphylococcus aureus resistente à meticilina). [ ][7-8]

Encontram-se na flora humana normal e localizam-se na superfície da pele e na área nasal da maioria dos indivíduos saudáveis. Normalmente, não causam infecções na pele saudável; no entanto, se *o S. aureus* entrar na corrente sanguínea ou nos tecidos internos, pode causar uma variedade de infecções potencialmente graves e ser transmitido por contacto direto. **[9- !0l**

Escherichia coli :

A E. coli é um bastonete curto gram-negativo e foi descoberta por Theodor Escherich no cólon humano. É também responsável por infecções no corpo humano. As estirpes de E.coli foram responsáveis pela diarreia e gastroenterite infantis, uma importante descoberta de saúde pública. **inl**

Embora as bactérias E. coli tenham sido inicialmente designadas por Bacterium coli, pertencem à família das bactérias gram-negativas conhecidas por *enterobacteraceae*. Também se designam por grupo de bactérias coliformes. A E.coli é um organismo indicador que indica uma infeção

contaminação da amostra de água. [12]
Encontram-se principalmente nos intestinos dos bovinos, galinhas, veados, ovelhas e porcos. Este tipo de bactéria vive normalmente nos intestinos das pessoas e dos animais. As bactérias E. coli são transmitidas por contacto direto de uma pessoa para outra. [13-14]
Streptococcus pyogenes:

Os Streptococcus pyogenes são organismos que crescem em oxigénio, chamados organismos aeróbicos, e têm uma bactéria extracelular gram-positiva. O S. pyogenes, também chamado estreptococo do grupo A (GAS), está normalmente associado a infecções ligeiras e auto-resolventes da pele e da orofaringe. A patogénese do estreptococo é mediada por um extenso repertório de factores de virulência extracelulares. A colonização primária da pele e da orofaringe é facilitada por adesinas associadas às células que se ligam a múltiplos componentes da matriz extracelular do hospedeiro. Isto produz moléculas antifagocíticas e permite que o organismo persista no local primário da infeção. [15]

Pseudomonas aeruginosa:

A Pseudomonas aeruginosa é uma bactéria gram-negativa. Encontra-se amplamente presente na natureza, no solo e na água. O seu aspeto é semelhante ao de uma uva ou tem um odor semelhante ao de uma tortilha. A sua temperatura óptima de crescimento é de 25°C a 37°C, e a sua capacidade de crescer a 42°C ajuda a distingui-la de muitas outras *espécies de Pseudomonas.* É um microrganismo ubíquo e tem a capacidade de sobreviver numa variedade de condições ambientais. Também provoca doenças em plantas, animais e seres humanos, causando infecções graves em doentes imunocomprometidos com cancro e em doentes que sofrem de queimaduras graves e de fibrose quística (FC).

Algumas estirpes de *P. aeruginosa* produzem diferentes tipos de pigmentos, incluindo a piocianina em azul-verde, a pioverdina em amarelo-verde e fluorescente e a pirorubina em vermelho-castanho. Investigações anteriores sugeriram que a piocianina tem sérias causas nas funções das células dos mamíferos, incluindo a respiração celular, o batimento ciliar, o crescimento das células epidérmicas, a homeostase do cálcio e a libertação de prostaciclina das células endoteliais dos pulmões, etc. **[16]**

Fungos:

Introdução:

Um fungo é um organismo eucariota unicelular e multicelular. Os fungos unicelulares chamam-se leveduras e os organismos multicelulares chamam-se bolores. Os fungos digerem os alimentos externamente e absorvem os nutrientes nas paredes celulares. A maioria dos fungos reproduz-se através da formação de esporos e tem o seu corpo composto por células tubulares microscópicas conhecidas como hifas. Os fungos são organismos heterótrofos que obtêm nutrientes para as suas fontes de carbono e energia. Alguns fungos requerem os seus nutrientes de um hospedeiro vivo e são designados biótrofos; outros requerem os seus nutrientes de plantas ou animais mortos e são designados saprotróficos. Alguns fungos infectam um hospedeiro vivo, mas matam as células do hospedeiro para obter os seus nutrientes; estes são chamados necrotróficos. [ ][17]

Candida albicans:

A Candida albicans é um fungo unicelular chamado levedura, que é uma doença fúngica infecciosa chamada *Candidíase* e pertence ao género Candida. Existem 20 espécies de leveduras Candida que podem causar infecções nos seres humanos. As leveduras Candida vivem normalmente no trato intestinal do ser humano e podem ser encontradas nas membranas mucosas e na pele sem causar infeção; no entanto, o crescimento excessivo de leveduras Candida pode provocar o desenvolvimento de sintomas. Os sintomas da candidíase variam e dependem da área do corpo que está infetada. [ ][18]

Não se desenvolve fora do corpo humano. [19] A candidíase também é observada em doentes infectados pelo VIH. **i^2 θ]**

Aspergillus niger:

O A. niger é um fungo multicelular e também membro do género *Aspergillus*. Incluem um conjunto de fungos que são normalmente considerados assexuados, embora tenham sido encontradas formas perfeitas. Os Aspergillus são omnipresentes na natureza. Estão geograficamente amplamente distribuídos no ecossistema e também foram observados numa ampla gama de habitats, porque podem colonizar uma grande variedade de substratos. *A. niger* é conhecida como saprófita. É comum encontrarem-se e crescerem em folhas mortas e grãos armazenados,

Pilhas de composto e outra vegetação em decomposição. Os seus esporos estão disseminados e estão frequentemente associados a materiais orgânicos e ao solo. O *A. niger* é utilizado na produção de enzimas e ácidos orgânicos por fermentação. *O A. niger* também é utilizado para produzir ácidos orgânicos, como o ácido cítrico e o ácido glucónico. **[21-2 2]**

Aspergillus clavatus:

O Aspergillus clavatus também é uma espécie de fungo do género Aspergillus. É particularmente comum na cevada durante a maltagem e pode atingir níveis inaceitavelmente elevados se as temperaturas de maltagem forem elevadas ou se ocorrer um aquecimento espontâneo. [23-24]

Técnica de avaliação:

> As condições que devem ser mantidas para a atividade antimicrobiana são mencionadas abaixo:

- ❖ O contacto entre os organismos utilizados no ensaio e os compostos deve ser adequado.
- ❖ Todas as condições exigidas devem ser idênticas até à conclusão da análise.
- ❖ O ambiente em que o exame vai ser efectuado deve ser esterilizado.

A atividade antibacteriana pode ser estudada por diferentes métodos, como o método do copo de Agar, o método do disco de papel, etc. Neste estudo, o potencial antibacteriano dos compostos foi estudado utilizando o bem conhecido método do copo de ágar a várias concentrações.

Método de diluição:

Material e método:

1. No teste, foram utilizados todos os compostos sintetizados.
2. Foram selecionados os controlos necessários, ou seja, composto, caldo de organismo e veículo.

O estudo foi efectuado utilizando o medicamento de controlo Gentamicina. O meio nutriente selecionado foi o caldo Muller Hinton para o crescimento das estirpes. As culturas MTCC selecionadas foram comparadas com o medicamento de controlo acima mencionado e com os compostos sintetizados.

3. O método de diluição em série foi efectuado de acordo com o manual NCCLS-1992.
4. A UFC foi fixada em 108 ufc (unidade formadora de colónias) por ml como tamanho do inóculo.
5. As estirpes selecionadas para o rastreio foram obtidas no *Institute of Microbial Technology* (IMTECH), *Chandigarh,* tal como mencionado abaixo,

- *Escherichia coli* [Gram negative] MTCC – 442
- *Pseudomonas aeruginosa* [Gram negative] MTCC – 441
- *Staphylococcus aureus* [Gram positive] MTCC – 96
- *Streptococcus pyogenes* [Gram positive] MTCC – 443
- *Candida albicans* [Fungus] MTCC – 227
- *Aspergillus Niger* [Fungus] MTCC – 282
- *Aspergillus clavatus* [Fungus] MTCC – 1323

6. O DMSO foi utilizado para preparar diferentes concentrações de fármacos.

Concentrações Bactericidas Mínimas (CBM):

O CBM foi medido de acordo com os passos seguintes,

1. No rastreio primário e secundário, foram preparadas diluições em série.

2. Antes da incubação, o tubo de controlo, que não continha antibiótico, foi imediatamente subcultivado, espalhando-se uma alça uniformemente sobre $1/4^{th}$ de placa de meio adequado para o crescimento do organismo testado e incubado a 37^0 C durante 24 h.
3. A menor concentração que inibe o crescimento do organismo foi designada por MBC.
4. A incubação de um dia para o outro a 37^0 C foi efectuada para todos os tubos que não apresentavam um crescimento visível (da mesma forma que o tubo de controlo) e foram subcultivados.
5. Antes da incubação, o crescimento foi observado no tubo de controlo (que mencionava os inóculos originais).
6. As subculturas podem mostrar um número semelhante de colónias, indicando bacteriostática, um número reduzido de colónias - indicando uma atividade bactericida parcial ou lenta e nenhum crescimento - se todo o inóculo tiver sido morto.
7. A amostra de teste deve incluir um segundo conjunto das mesmas diluições inoculadas com um organismo de sensibilidade conhecida.

Concentração fungicida mínima (CFM):

O exame MFC foi efectuado através de um rastreio primário e secundário.

Métodos utilizados para o rastreio primário e secundário:

A solução de reserva foi preparada com uma concentração de 2000 microgramas /ml para cada um dos compostos sintetizados.

Ecrã primário:

O rastreio primário dos compostos sintetizados foi efectuado em diferentes diluições, ou seja, concentrações de 500 g/ml, 250 g/ml e 125 g/ml. Neste teste, os compostos activos encontrados foram ainda verificados para o segundo conjunto de diluições.

Ecrã secundário:

A diluição semelhante dos compostos activos encontrados no rastreio primário foi feita com concentrações de 100 micro/ml, 50 micro/ml, 25 micro/ml, 12,5 micro/ml, 6,250 micro/ml, 3,125 micro/ml e 1,5625 micro/ml.

Resultado da leitura:

A CIM foi considerada como a diluição máxima que apresenta pelo menos 99% de zona de inibição. O tamanho dos inóculos afectou estes resultados.

O medicamento padrão:

O medicamento padrão usado no presente estudo é **"Gentamicina"** para avaliar a atividade antibacteriana que mostrou (0,25, 0,05, 0,5 e 1 µg/ml). MBC contra *S. aureus, E. pyogenes* e *P. aeruginosa*, respetivamente. Droga padrão que tem usado

K. Nistatina" para a atividade antifúngica. Estas actividades antifúngicas que mostraram 100 µg /ml MFC contra todas as espécies utilizadas para a atividade antifúngica.

Importantes medicamentos antibacterianos e antifúngicos:

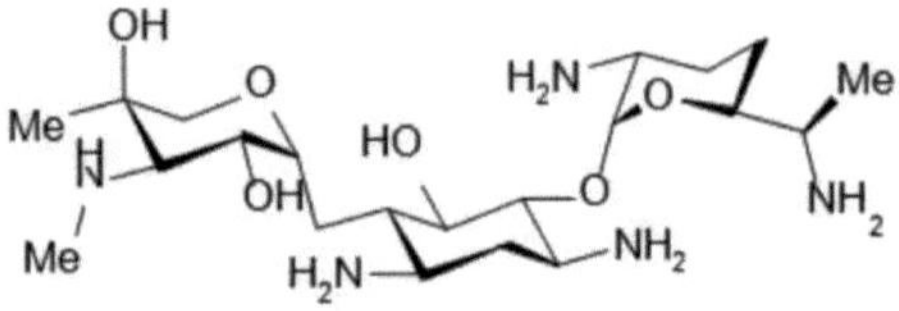

Gentamicin

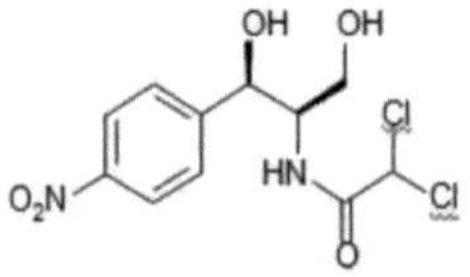

Chloramphenicol

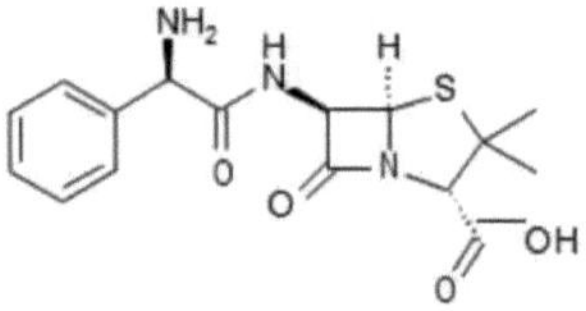

Amicillin

Chloramphenicol

Amicillin

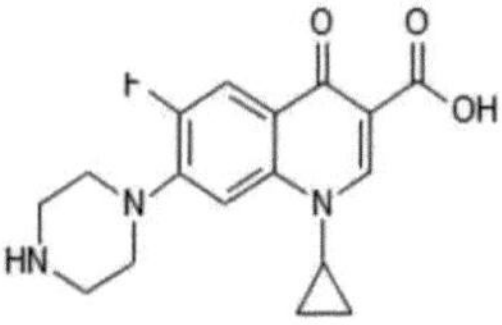

Ciprofloxacin

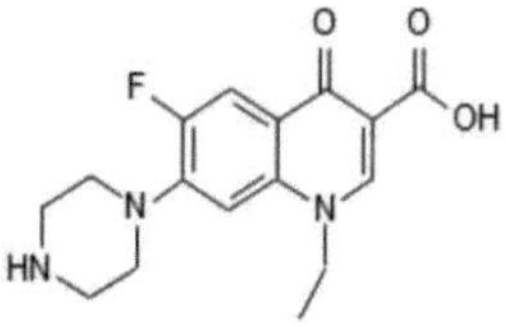

Norfloxacin

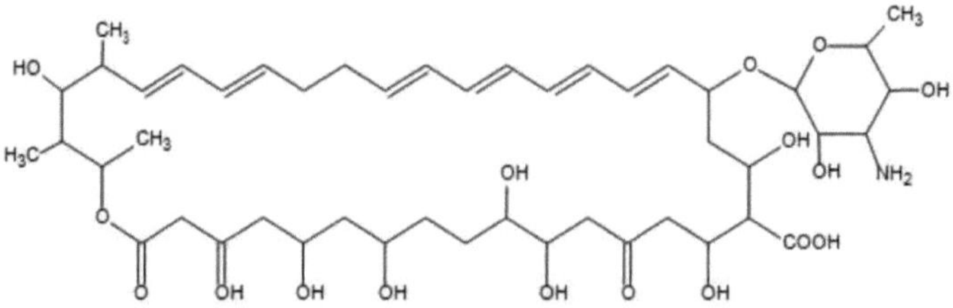

K. Nystatin

Tabela-1.1: Actividades antibacterianas da N-(3-cyano-4,5,6,7-tetrahydro-1-benzothiophen-2-yl)-2-(aryl)acetamide

Drug		*E. coli*	*P. aeruginosa*	*S. aureus*	*S. pyogenus*
-		MTCC 443	MTCC 1688	MTCC 96	MTCC 442
(μgm/ml)					
Gentamycin		0.05	1	0.25	0.5
Norfloxacin		10	10	10	10
Ciprofloxacin		25	25	50	50
Chloramphenicol		50	50	50	50
Ampicillin		100	100	250	100
Antibacterial activity Table					
Minimum Inhibition Concentration					
Sr. No.	**Code No.**	***E. coli*** **MTCC 443**	***P. aeruginosa*** **MTCC 1688**	***S. aureus*** **MTCC 96**	***S. pyogenus*** **MTCC 442**
1	D1	250	250	500	500
2	D2	500	500	1000	250
3	D3	250	250	125	250
4	D4	50	100	500	100
5	D5	250	250	1000	1000
6	D6	100	250	500	500
7	D7	500	500	500	250
8	D8	1000	250	250	125
9	D9	500	500	1000	500
10	D10	500	50	500	100

Conclusão:

1. A gentamicina apresenta a maior atividade antibacteriana em todas as bactérias testadas, com valores de CIM muito baixos.
2. A norfloxacina e a ciprofloxacina também apresentam uma forte atividade antibacteriana, embora sejam menos potentes do que a gentamicina.
3. O cloranfenicol e a ampicilina são menos eficazes, com valores de CIM mais elevados do que a gentamicina e as fluoroquinolonas (norfloxacina, ciprofloxacina).

Entre os compostos testados:

- D4 mostra um valor de CIM comparativamente mais baixo contra E. coli e S. pyogenus, indicando uma melhor atividade contra estas estirpes.
- D3 tem um valor de CIM mais baixo para S. aureus.
- O D10 é eficaz contra a P. aeruginosa com uma CIM de 50 g/ml.

No entanto, nenhum dos compostos testados demonstra uma atividade superior à da Gentamicina, e a maioria deles tem valores de CIM mais elevados do que os antibióticos padrão, indicando uma atividade antibacteriana inferior.

Tabela-2.2: Actividades antifúngicas da N-(3-cyano-4,5,6,7-tetrahydro-1-benzothiophen-2-yl)-2-(aryl)acetamide

Drug	*C. albicans*	*A. niger*	*A. clavatus*
-	**MTCC 227**	**MTCC 282**	**MTCC 1323**
(μgm/ml)			
Greseofulvin	500	100	100
Nystatin	100	100	100

Antifungal activity Table				
Minimal Fungicidal Concentration				
Sr. No.	**Code No.**	*C. albicans*	*A. niger*	*A. clavatus*
		MTCC 227	**MTCC 282**	**MTCC 1323**
1	D1	>1000	500	500
2	D2	>1000	>1000	1000
3	D3	500	1000	100
4	D4	500	500	500
5	D5	500	1000	>1000
6	D6	500	1000	1000
7	D7	>1000	100	>1000
8	D8	500	100	500
9	D9	500	>1000	>1000
10	D10	500	500	500

Conclusão:

1. A nistatina mostra uma forte atividade antifúngica contra todos os fungos testados com um MFC de 100 µg/ml.
2. A griseofulvina é eficaz, mas menos do que a nistatina, particularmente contra a C. albicans.

Entre os compostos testados:

- D3 tem o valor mais baixo de MFC para A. clavatus (100 Lig/ml), indicando uma boa atividade contra este fungo.
- D7 e D8 mostram uma forte atividade contra A. niger com valores de MFC de 100 Lg/ml.
- A maioria dos compostos testados apresenta valores de CFM semelhantes ou superiores aos da griseofulvina e são menos eficazes do que a nistatina.

Em geral, nenhum dos compostos testados apresenta melhor atividade antifúngica do que a nistatina. Alguns compostos (como o D3, D7 e D8) demonstram uma atividade notável contra fungos específicos, mas são geralmente menos eficazes do que os agentes antifúngicos padrão.

Referências

1. Maddox C.E., Laur L.M., Tian L., 2010, Current microbiology, 60(1), 53.
2. Whitman W.B., Coleman D.C., Wiebe W.J., 1998, Proceedings of the national academy of sciences, 95(12), 6578-6583.
3. Rappe M.S., Giovannoni S.J., 2003, Annual reviews in microbiology, 57(1), 369394.
4. Beasley S.S., Saris P.E., 2004, Applied and environmental microbiology, 70(8), 5051-5053.
5. Rodriguez J.M., Martinez M.I., Horn N., Dodd H.M., 2003, International journal of food microbiology, 80(2), 101-116.
6. Rodriguez E., Gonzalez B., Gaya P., Nunez M., Medina M., 2000, International dairy journal, 10(1-2), 7-15
7. Rasigade J.P., Vandenesch F., 2014, Infection, Genetics and Evolution, 21, 510514.
8. Chambers H.F., Community-associated MRSA-resistance and virulence converge.
9. Boucher H.W., Corey G.R., 2008, Clinical infectious diseases, 46(Supplement_5), S 344-349.
10. Tong S.Y., Davis J.S., Eichenberger E., Holland T.L., Fowler V.G., 2015, Clinical microbiology reviews, 28(3), 603-661.
11. Feng P., Weagant S.D., Grant M.A., Burkhardt W., Shellfish M., Water B., 2002, Bacteriological analytical manual, 13-9.
12. Stromberg L.R., Stromberg Z.R., Banisadr A., Graves S.W., Moxley R.A., Mukundan H., 2015, Journal of microbiological methods, 116, 1-7.
13. Elder R.O., Keen J.E., Siragusa G.R., Barkocy-Gallagher G.A., Koohmaraie M., Laegreid W.W., 2000, Proceedings of the national academy of sciences, 97(7), 2999-3003.
14. Griffin P.M., Tauxe R.V., 1991, Epidemiologic reviews, 13(1), 60-98.
15. Reglinski M., Sriskandan S., 2015, Em microbiologia médica molecular (Segunda Edição), 675-716.
16. Wu W., Jin Y., Bai F., Jin S., 2015, Em microbiologia médica molecular (Segunda Edição), 753-767.
17. Hawksworth D.L., Lücking R., 2017, Microbiology spectrum, 5(4).
18. Gow N.A., Yadav B., 2017, Microbiology, 163(8), 1145-1147.
19. Stelzner A., F.C. Odds, Candida and Candidosis, 1990, Journal of basic

microbiology, 30(5), 382-383.
20. Gow N.A., Hube B., 2012, Current opinion in microbiology, 15(4), 406-412.
21. Samson R.A., Houbraken J., Summer bell R.C., Flannigan B., Miller J.D., 2002, diversity, health impacts, investigation and control, 285-473.
22. Abarca M.L., Bragulat M.R., Castella G., Cabanes F.J., Applied and environmental microbiology, 60(7), 2650-2652.
23. Desmazieres, JBHJ 1834, Annales des sciences naturelles botanique (em francês), 2(2), 69-73.
24. Shlosberg A., Zadikov I., Perl S., Yakobson B., Varod Y., Elad D., Rapoport E., Handji V., 1991, Mycopathologia, 114(1), 35-39.

CAPÍTULO 6: RESUMO

Capítulo I

Descoberta de medicamentos:

A química medicinal é uma disciplina científica que se situa na intersecção entre a química e a farmacologia e que se ocupa da conceção, síntese e desenvolvimento de medicamentos. A química medicinal é uma ciência altamente interdisciplinar que combina a química orgânica com a bioquímica, a química computacional, a farmacologia, a farmacognosia, a biologia molecular, a estatística e a físico-química. A química medicinal envolve a identificação, a síntese e o desenvolvimento de novas entidades químicas adequadas para utilização terapêutica. Inclui também o estudo dos medicamentos existentes, das suas propriedades biológicas e das suas relações quantitativas estrutura-atividade (QSAR). A química farmacêutica centra-se nos aspectos de qualidade dos medicamentos e tem por objetivo garantir a adequação dos medicamentos ao fim a que se destinam.

Os compostos heterocíclicos são compostos orgânicos que contêm uma estrutura em anel com átomos para além do carbono, como o enxofre, o oxigénio ou o azoto, como parte do anel. Podem ser anéis aromáticos simples ou anéis não aromáticos. A literatura refere um grande número de fármacos que contêm uma fração heterocíclica como núcleo ativo.

Capítulo II

Química da Acetamida:

Esta secção do capítulo dois foi abordada através da introdução da acetamida, dos seus vários métodos de síntese e da sua importância na síntese de novos compostos. Nesta secção, a aplicação de derivados de acetamida como agentes farmacêuticos e biológicos foi brevemente descrita com uma revisão da literatura sobre vários derivados de acetamida importantes.

Capítulo III

Método de síntese:

Este capítulo contém uma secção experimental de vários compostos sintetizados. Neste capítulo, foi discutida a síntese de derivados de 2-amino-4,5,6,7-tetrahidro-1-benzotiofeno-3-carbonitrilo com acetamida, este capítulo também contém o esquema de reação e a metodologia dos compostos sintetizados, juntamente com vários parâmetros físicos dos compostos sintetizados *A*-(3-cyano-4,5,6,7-tetrahidro-1 -benzotiofeno-2-il)-2-

(aril)acetamida. O nosso trabalho de investigação é apresentado em sete esquemas que são discutidos em pormenor neste capítulo. Síntese dos seguintes compostos utilizando vários substituintes" neste capítulo; 3

Capítulo IV

Análise espetral:

Neste capítulo são discutidos os dados espectroscópicos dos compostos sintetizados. Este capítulo inclui espectros de IV, espectros de RMN e espectros de massa. Os espectros de infravermelhos de vários compostos e a interpretação dos espectros foram discutidos, tal como os espectros de massa, os espectros de RMN e os seus resultados com interpretação.

Capítulo V

Avaliação anti-microbiana:

Este capítulo inclui a avaliação anti-microbiológica dos compostos sintetizados. Neste capítulo, a metodologia de avaliação antimicrobiológica e os seus resultados são brevemente discutidos. Inclui também a avaliação antifúngica dos compostos sintetizados.

Printed by Books on Demand GmbH, Norderstedt / Germany